Super M

Mathematik für alle

3

Daten, Häufigkeit und Wahrscheinlichkeit

Herausgegeben von
Ursula Manten
Gudrun Hütten
Klaus Heinze

Erarbeitet von
Vanessa Klein

Illustrationen von
Martina Leykamm
Dorothee Mahnkopf

Cornelsen

Inhalt

Thema	Thematische/inhaltliche Aspekte	Seite
Daten erfassen und darstellen		
Ferienzeit ade!	Einem Säulendiagramm Informationen entnehmen Größenverhältnisse am Kreisdiagramm erfassen	3
Auf zur Schule!	Tabellen Informationen entnehmen Daten in Balkendiagrammen darstellen Einem Diagramm Informationen entnehmen Daten in Kreisdiagramme übersetzen	4/5
Im Klassenzimmer!	Tabellen Informationen entnehmen Fragen Daten zuordnen Daten in einer Tabelle darstellen und auswerten	6/7
Zu Hause!	Zuordnung von Rechengeschichten Fragen beantworten Rechengeschichte zu vorgegebenen Daten verfassen	8/9
In der Freizeit!	Daten aus Diagrammen entnehmen Diagramme vergleichen und Fragen beantworten Aussagen Diagrammen zuordnen	10/11
Kombinatorik		
Ferienzeit ade!	Anzahl verschiedener Möglichkeiten bestimmen Umgang mit Baumdiagrammen erarbeiten	12/13
Auf zur Schule!	Anzahl von Möglichkeiten mit dem Baumdiagramm ermitteln Anzahl von Möglichkeiten erweitern und verringern	14/15
Im Klassenzimmer!	Anzahl von Möglichkeiten bestimmen und variieren Kombinationsmöglichkeiten erfassen und variieren	16/17
Zu Hause!	Anzahl von Möglichkeiten schrittweise bestimmen Anleitung auf neue Aufgabe anwenden	18/19
In der Freizeit!	Anzahl von Möglichkeiten ermitteln Wissen auf andere Situationen übertragen	20/21
Wahrscheinlichkeit		
Ferienzeit ade!	Mit den Begriffen sicher, möglich, unmöglich umgehen Aussagen Bildern zuordnen	22/23
Auf zur Schule!	Begriffe sichern Mittels Häufigkeiten Aussage begründen Aussagen auf Richtigkeit überprüfen Wahrscheinlichkeiten grafisch umsetzen	24/25
Im Klassenzimmer!	Möglichkeiten übersichtlich darstellen Häufigkeiten ablesen und zur Argumentation nutzen Ergebnissen Wahrscheinlichkeiten zuordnen Vorgehensweise übertragen	26/27
Zu Hause!	Aus Tabellen Wahrscheinlichkeiten ablesen Daten auswerten Fragen zu Wahrscheinlichkeiten beantworten Wahrscheinlichkeiten grafisch darstellen	28/29
Das kann ich jetzt	Übersicht Daten, Häufigkeit und Wahrscheinlichkeit	30/31

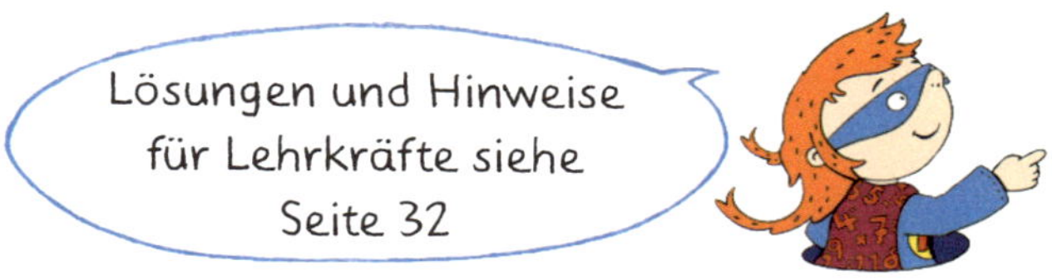

① In den Sommerferien waren einige Kinder der 3. Schuljahre verreist. Sie haben in Österreich, Spanien und Deutschland Urlaub gemacht.

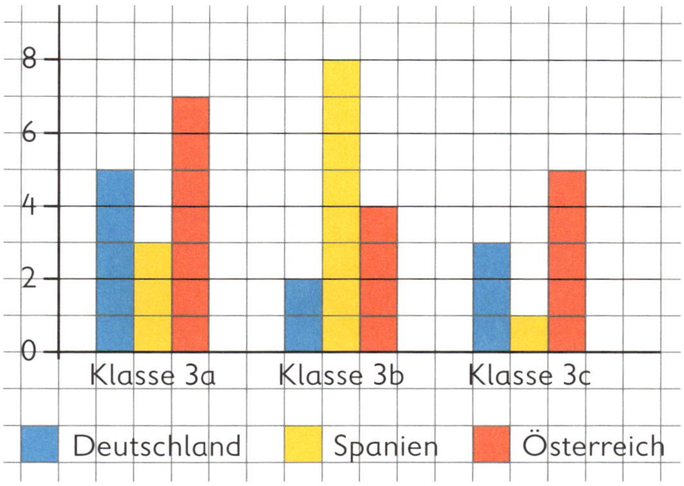

a) Wie viele Kinder der Klasse 3 a waren in Österreich? ____________________

b) Wie viele Kinder haben ihre Ferien in Spanien verbracht? ____________________

c) Aus welcher Klasse sind die meisten Kinder verreist? ____________________

d) Wo haben die meisten Kinder Urlaub gemacht? ____________________

e) Wie viele Kinder der 3. Schuljahre sind insgesamt weggefahren?

____

f) In der Klasse 3 b sind insgesamt 21 Schüler. Wie viele Kinder waren in den Sommerferien zu Hause? ____________________

② Das Kreisdiagramm zeigt, wie viele Kinder in den jeweiligen Ländern Urlaub gemacht haben. Trage die Namen der Reiseländer ein!

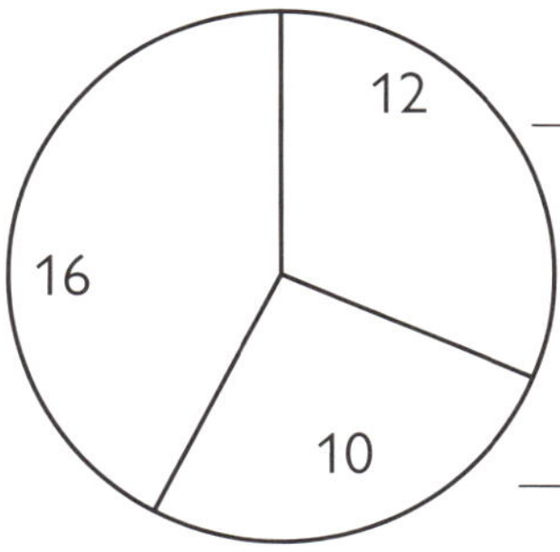

____________________ ____________________ ____________________

③ Schreibe die jeweiligen Klassen aus Aufgabe **1** unter die entsprechenden Diagramme!

Diagramm 1

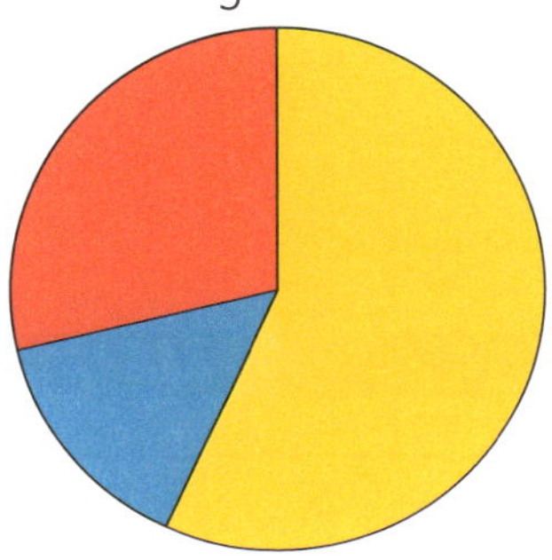

____

Diagramm 2

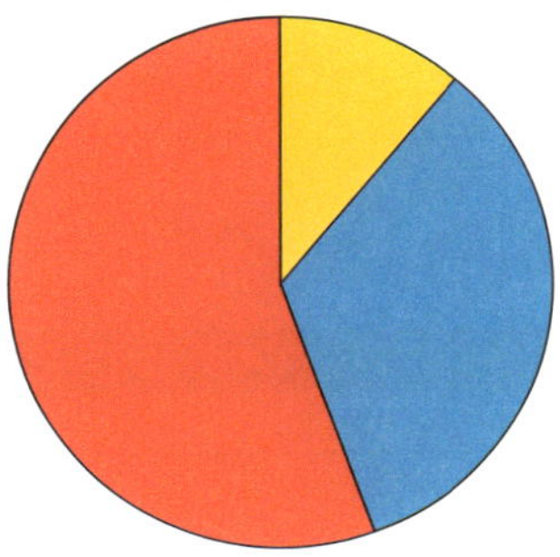

____

Diagramm 3

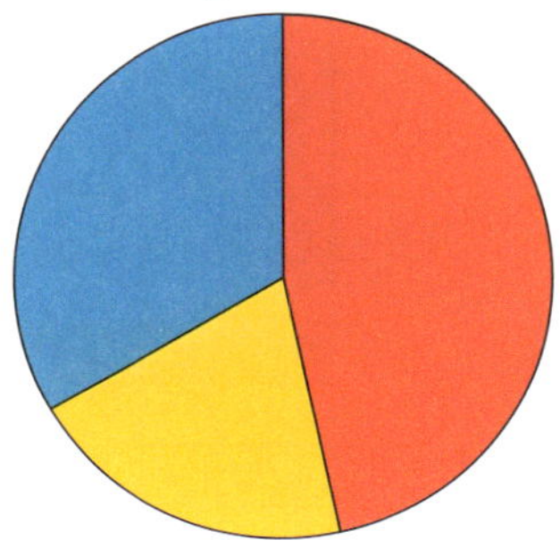

____

Auf zur Schule!

① Die Kinder der Klasse 3 c haben morgens vor der Schule gezählt, wie die Kinder der 3. Schuljahre zur Schule kommen.
Diese Tabellen haben sie aufgeschrieben:

Marlene

Bus	PKW	Fahrrad	zu Fuß
||	~~||||~~ |	~~||||~~	~~||||~~ |||

Ali

Bus	PKW	Fahrrad	zu Fuß
|	||	~~||||~~ ||	~~||||~~ ||||

Nina

Bus	PKW	Fahrrad	zu Fuß
	~~||||~~	||	~~||||~~ ~~||||~~ |||

a) Wie viele Kinder der 3. Klassen kommen mit dem Bus? ______________

b) Wie viele Kinder der 3. Klassen kommen mit dem PKW? ______________

c) Wie viele Kinder der 3. Klassen kommen mit dem Fahrrad? ______________

d) Wie viele Kinder der 3. Klassen kommen zu Fuß? ______________

e) Wie viele Kinder sind insgesamt in den 3 Klassen? ______________

② Male deine Antworten aus Aufgabe **1** in das Balkendiagramm!

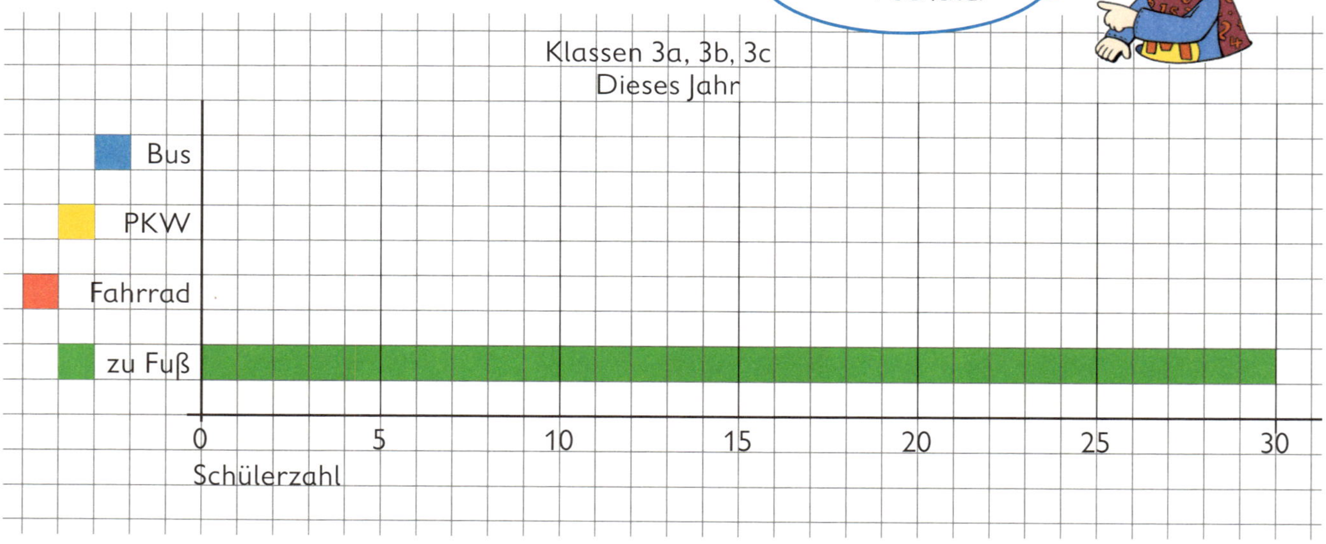

③ Die Klassenlehrerin Frau Strauß zeigt ihren Schülern das Diagramm vom letzten Jahr.

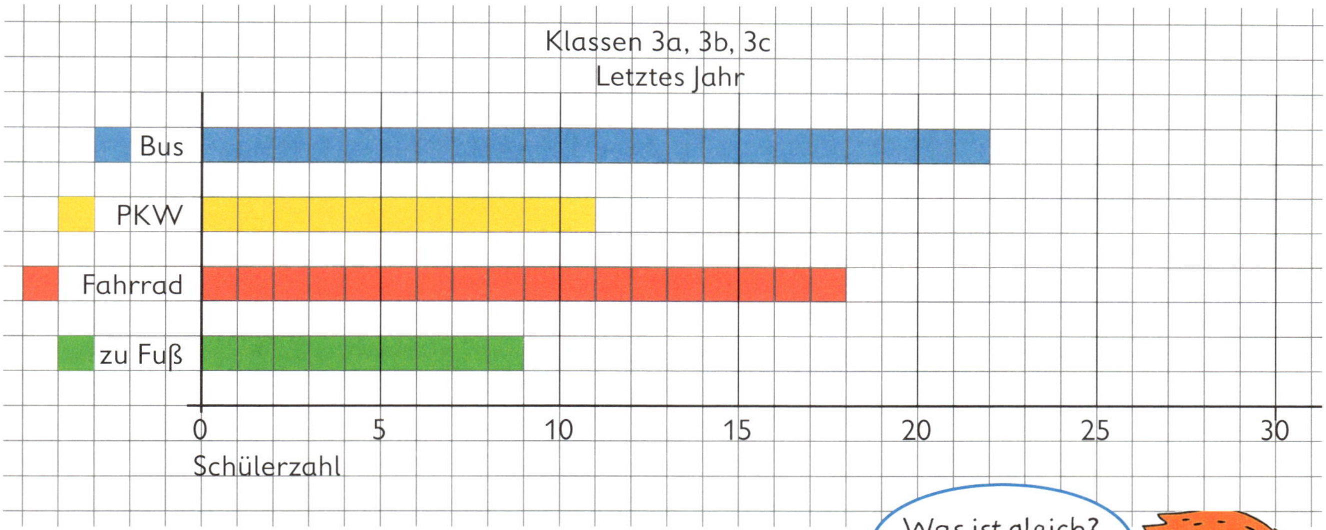

c) Vergleiche die beiden Diagramme!

___

___

___

___

④ Für den Elternabend hat die Klasse 3 b zwei Kreisdiagramme gezeichnet, die die beiden Zählungen im letzten Jahr und in diesem Jahr zeigen.
Welches Diagramm zeigt dieses Jahr, welches zeigt das letzte Jahr? Kreuze an.
Wie hast du es herausgefunden?

___

___

Diagramm 1

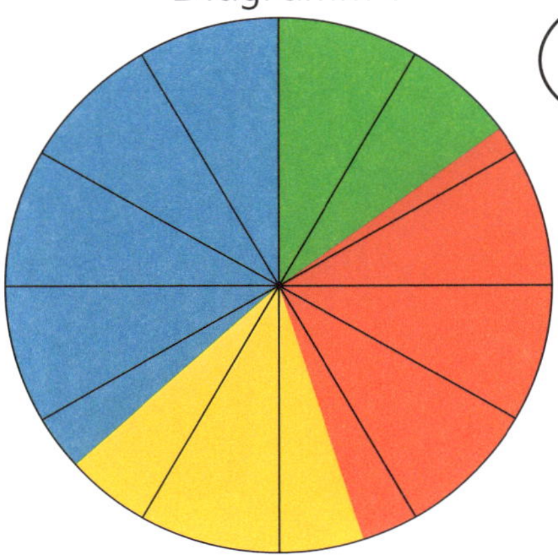

Dieses Jahr ☐

Letztes Jahr ☐

Diagramm 2

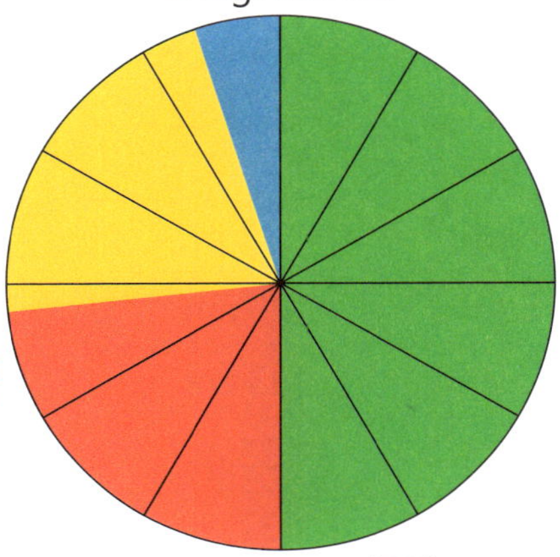

Dieses Jahr ☐

Letztes Jahr ☐

Im Klassenzimmer

① Kinder wachsen schnell. Zu Beginn des Schuljahres wird in der Klasse 3 c die Körpergröße gemessen: Sitzen die Kinder noch auf den richtigen Stühlen, die zu ihrer Körpergröße passen, oder brauchen sie neue?

Körpergröße	Farbe
114 cm bis 127 cm	Lila
128 cm bis 142 cm	Gelb
143 cm bis 157 cm	Rot
158 cm bis 172 cm	Grün
173 cm bis 187 cm	Blau

Schulmöbel werden in 5 verschiedenen Größen hergestellt und mit unterschiedlichen Farben gekennzeichnet, so dass jedes Kind richtig sitzen und arbeiten kann.

Die Kinder haben ihre Körpergröße bestimmt und angekreuzt, auf welchem Stuhl sie sitzen.

Name	Größe	Möbelfarbe Lila	Möbelfarbe Gelb	Möbelfarbe Rot
Eva	1,37 m		x	
Aylin	1,31 m	x		
Keshia	1,47 m			x
Paula	125 cm	x		
Bugra	1,33 m	x		
Noah	1,39 m		x	
Marua	136 cm		x	
Mio	133 cm		x	
Lena	1,31 m	x		
Emely	1,34 m		x	
Tom	1,44 m		x	
Naomi	1,30 m	x		
Max	138 cm		x	
Maria	1,38 m			x
Nele	1,45 m			x
Bilal	120 cm	x		
Lea	143 cm		x	
Paul	1,35 m		x	
Nina	1,32 m	x		
Mohamed	1,36 m		x	
Marlene	1,41 m		x	

Daten erfassen und darstellen
Informationen aus einer Datentabelle entnehmen; Fragen Daten zuordnen

a) Wie viele Kinder sitzen jeweils auf einem lila, gelben oder roten Stuhl?

Lila: ______ Kinder Gelb: ______ Kinder Rot: ______ Kinder

b) Überprüfe in der Klassenliste, ob die Möbelfarbe für die Kinder noch stimmt.

Trage bei der richtigen Farbe einen Kreis ◯ ein.

c) Was trifft bei den lila Stühlen zu? Kreuze an.

Es werden mehr lila Stühle gebraucht.
☐ ja ☐ nein

Es werden weniger lila Stühle gebraucht.
☐ ja ☐ nein

Die meisten Kinder behalten ihren lila Stuhl.
☐ ja ☐ nein

d) Wie viele Kinder brauchen einen neuen Stuhl?

____

Wie viele Kinder können ihren gelben Stuhl behalten?

____

(e) Wie viele lila Stühle werden nicht mehr gebraucht? ______________

Wie viele gelbe Stühle müssen noch besorgt werden? ______________

(f) Welcher Stuhl ist richtig? Trage in das richtige Feld den Namen ein.

Welcher Stuhl ist richtig?	Möbelfarbe		
	Lila	Gelb	Rot
… behält den Stuhl		Eva	Keshia
… bekommt einen neuen Stuhl		Aylin	

Vervollständige die Sätze. Es gibt verschiedene richtige Antworten.

1. Bei den roten Stühlen ______________________________
2. ______ Kinder können ihren ______________ Stuhl behalten.

3 In einem halben Jahr gibt es wahrscheinlich ______________ rote Stühle mehr.

Zu Hause!

① Welches Diagramm gehört zu welcher Geschichte?
Wie müssen die Achsen benannt werden? Ordne zu!

Noah, Nele, Nina und Mio haben einen Tag lang aufgeschrieben, wie viele Stunden sie fernsehen. Noah schaut nur 30 Minuten am Tag. Nele guckt doppelt so viel Fernsehen wie Noah. Nina schaut nur 30 Minuten länger als Nele. Mio schaut ganze 2 Stunden am Tag.

Diagramm ☐

Naomi, Maria, Lea und Paula laufen um die Wette. Leas Papa stoppt die Zeit. Naomi braucht nur 11 Sekunden. Maria ist 3 Sekunden langsamer als Naomi, wird aber nur Dritte. Paula ist die Langsamste.

Diagramm ☐

Sekunden

Minuten

Zentimeter

Frau Wolters misst ihre vier Kinder. Jan ist 1,10 m groß. Alex ist 20 cm größer als Jan. Lisa ist mit 1,50 m das größte der Kinder. Jana liegt von der Größe her genau zwischen Alex und Jan.

Diagramm ☐

Diagramm 1

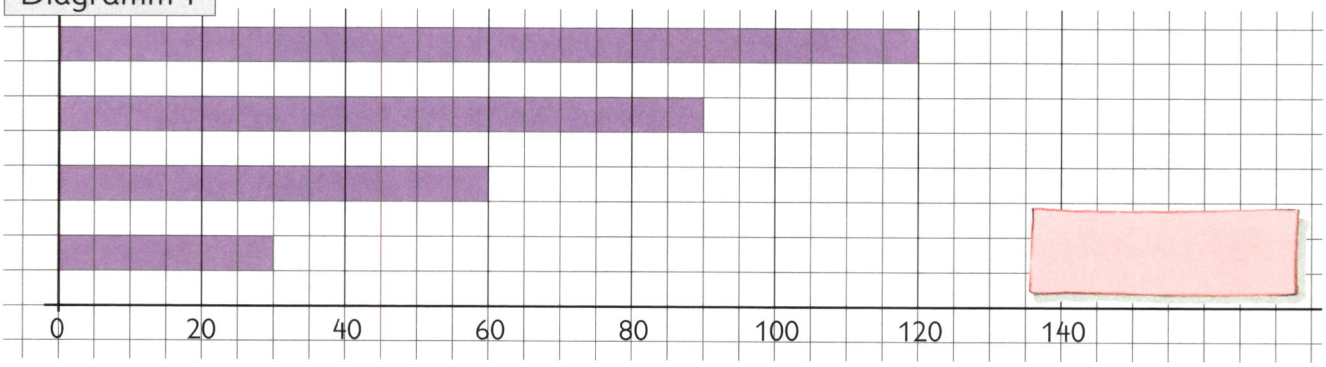

Diagramm 2

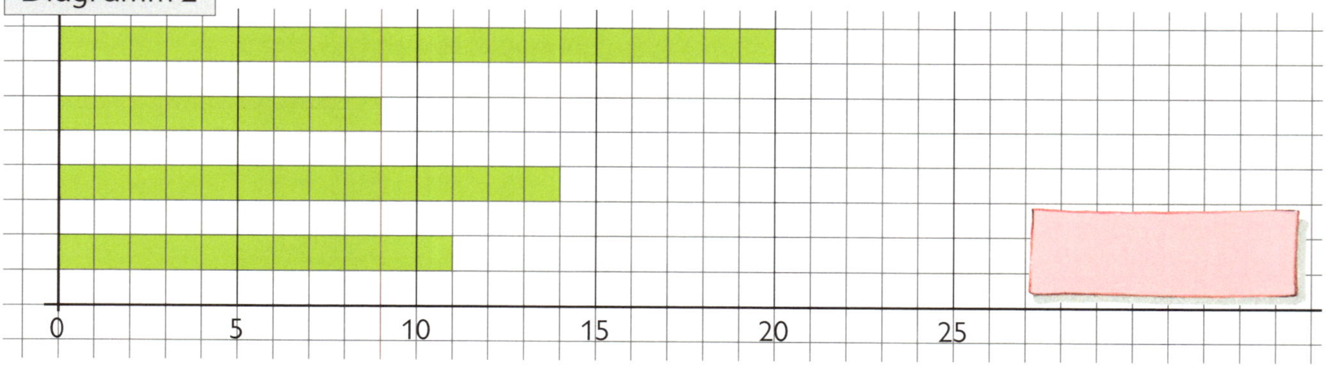

Diagramm 3

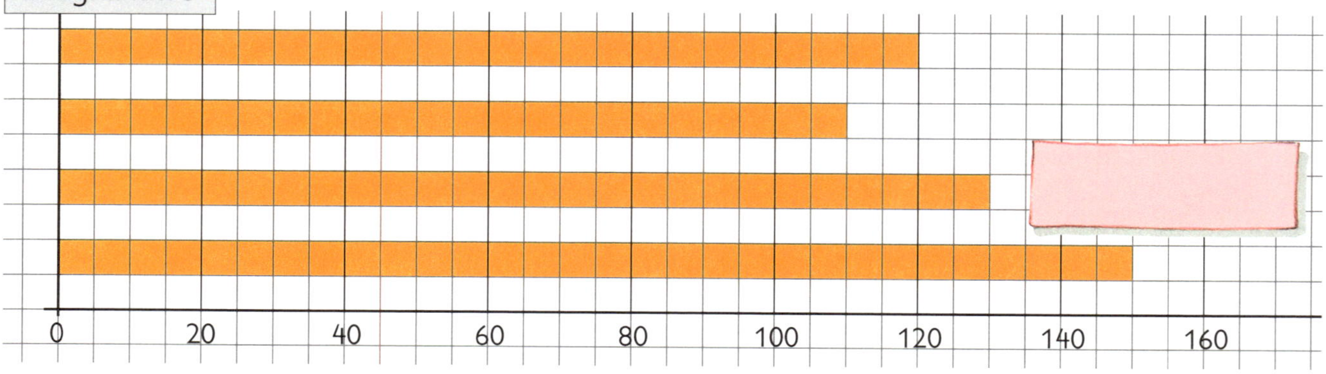

② Beantworte die Fragen!

Wie viele Stunden Fernsehen schauen Noah, Nele, Nina und Mio zusammen am Tag?

Wie viele Stunden schauen die beiden Jungen Noah und Mio insgesamt?

Wie viele Stunden schauen die beiden Mädchen Nele und Nina insgesamt?

Wie viele Sekunden braucht Lea?

Wer läuft am schnellsten von den Mädchen?

Wer kommt auf den 2. Platz?

Wie groß ist Jana?

③ Schreibe eine passende Geschichte zum Balkendiagramm!

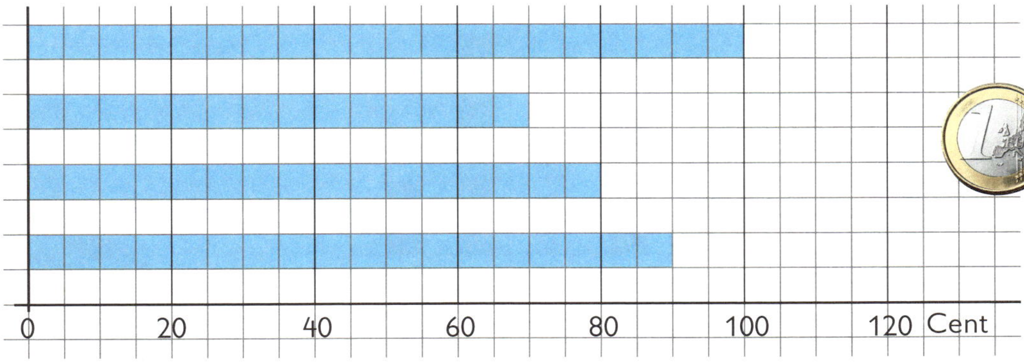

In der Freizeit!

① Viele Kinder sind in der Freizeit in einem Sportverein.
Tom, Marlene und Maria haben in ihrer Klasse 3 c eine Umfrage gemacht.
Auch in der Klasse 3 b wird eine Umfrage vorgenommen. Vergleiche die Ergebnisse.

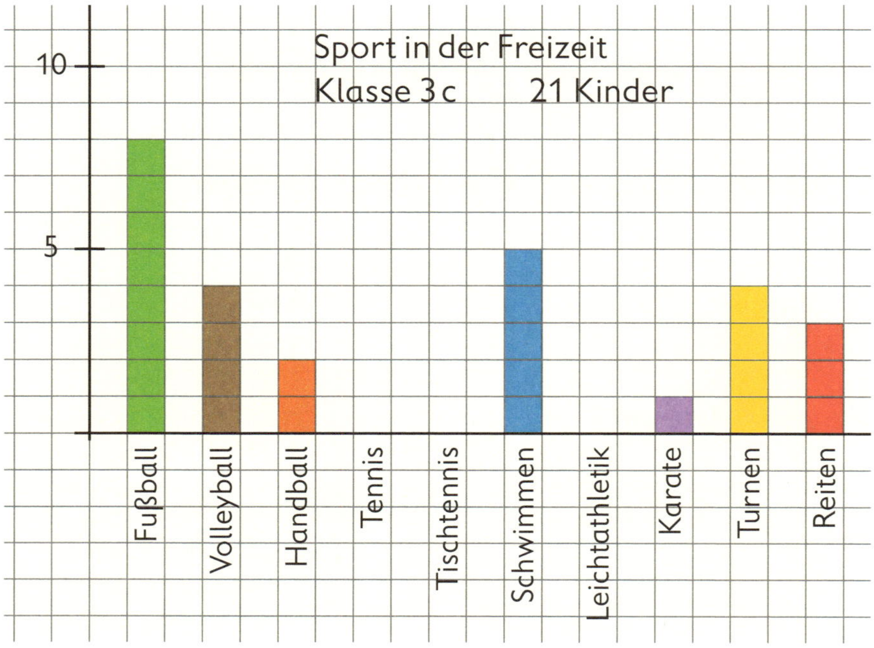

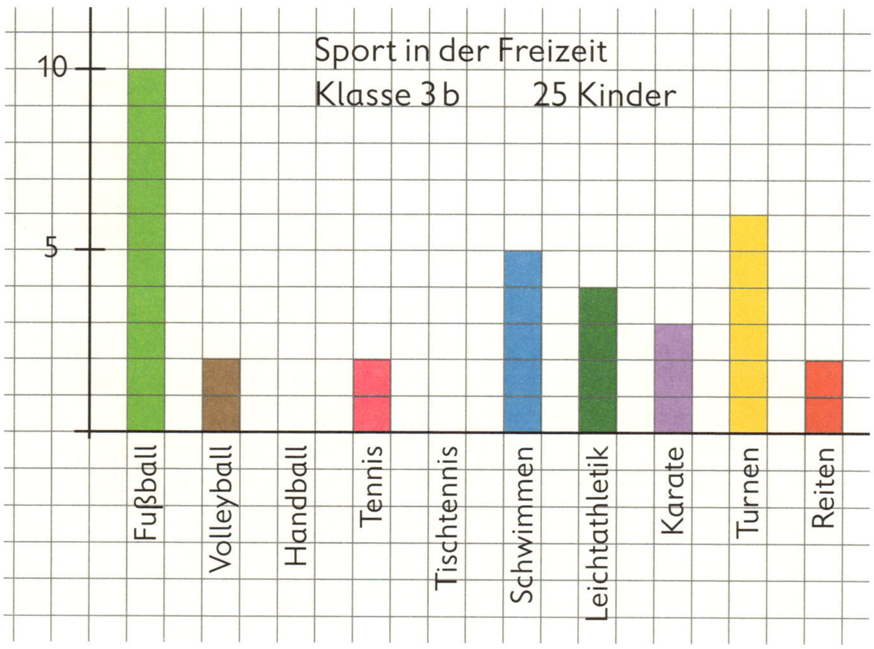

Beantworte folgende Fragen:

② Welche Sportarten sind am beliebtesten?
Schreibe die Reihenfolge für 3 c und 3 b auf.

3 c: ______________________________

____

____

3 b: ______________________________

____

____

③ Welche Sportarten werden von mindestens 4 Kindern gemacht?

3 c: ______________________________

____

3 b: ______________________________

____

④ Welche Unterschiede gibt es zwischen der 3 c und der 3 b?

____

____

____

____

⑤ Zu welchem Diagramm passen folgende Aussagen? Kreuze an.

	3 c	3 b
Bei uns sind doppelt so viele Kinder beim Fußball wie beim Turnen.	☐	☐
Tischtennis spielt kein Kind.	☐	☐
Leichtathletik ist bei uns beliebt.	☐	☐
Die meisten Kinder machen am liebsten Sportarten mit Bällen.	☐	☐
In der anderen Klasse machen genauso viele Kinder unseren Sport.	☐	☐
In Klasse 3a gehen genau zwei Kinder zum Turnen.	☐	☐

Daten erfassen und darstellen
2-4 Daten aus Diagrammen entnehmen und Fragen beantworten;
5 Den Aussagen die passenden Diagramme zuordnen

Ferienzeit ade!

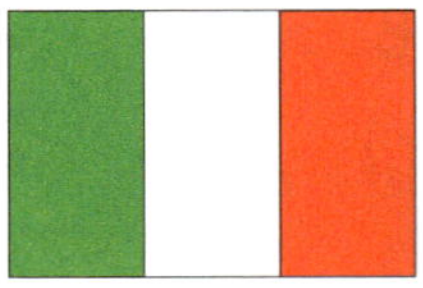

(1) Tom war in den Ferien in Italien. Die italienische Flagge hat ihm gut gefallen. Er möchte nun seine eigene Fahne mit drei verschiedenfarbigen Streifen entwerfen. Er hat die Farben Blau, Grün, Gelb zur Verfügung
Wie viele Möglichkeiten hat Tom? Probiere!

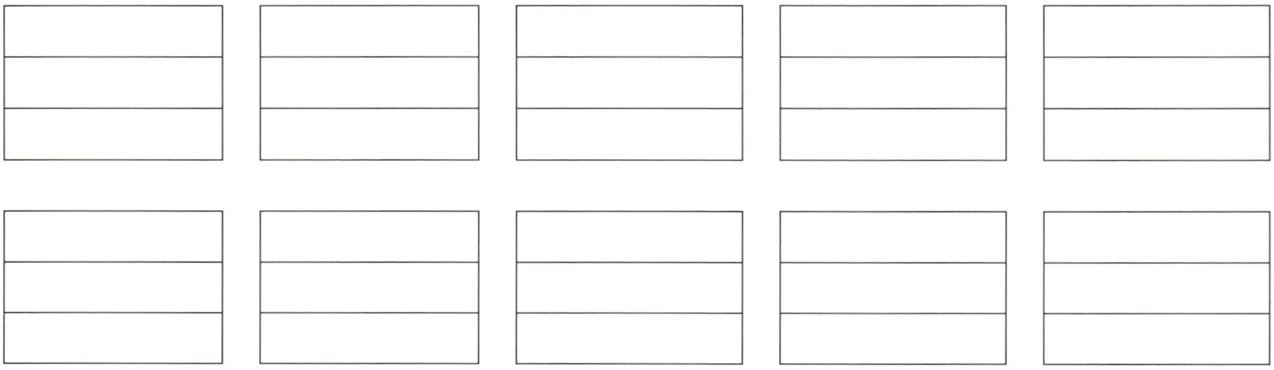

Tom hat _____ Möglichkeiten die Fahne einzufärben.

(2) Neben dem Strandhotel gibt es einen großen Bauernhof!
Der Bauer hat einen roten Traktor und einen blauen Schlepper.
In der Scheune stehen drei verschiedene Anhänger.
Wie viele verschiedene Gespanne mit einem Fahrzeug und einem Anhänger kann der Bauer zusammenstellen? Verbinde!

Es sind _____ Gespanne möglich.

Vorspeisen
Hühnersuppe
Knoblauchbrot

Hauptgerichte
Kinderschnitzel mit Pommes
Spagetti
Pizza

Nachspeisen
Schokopudding
Eis

③ a) Tom möchte im Strandhotel eine Vorspeise, ein Hauptgericht und eine Nachspeise essen.

Vervollständige das Baumdiagramm.
Wie viele unterschiedliche Möglichkeiten gibt es für Tom?

Es gibt ____ Möglichkeiten für ihn.

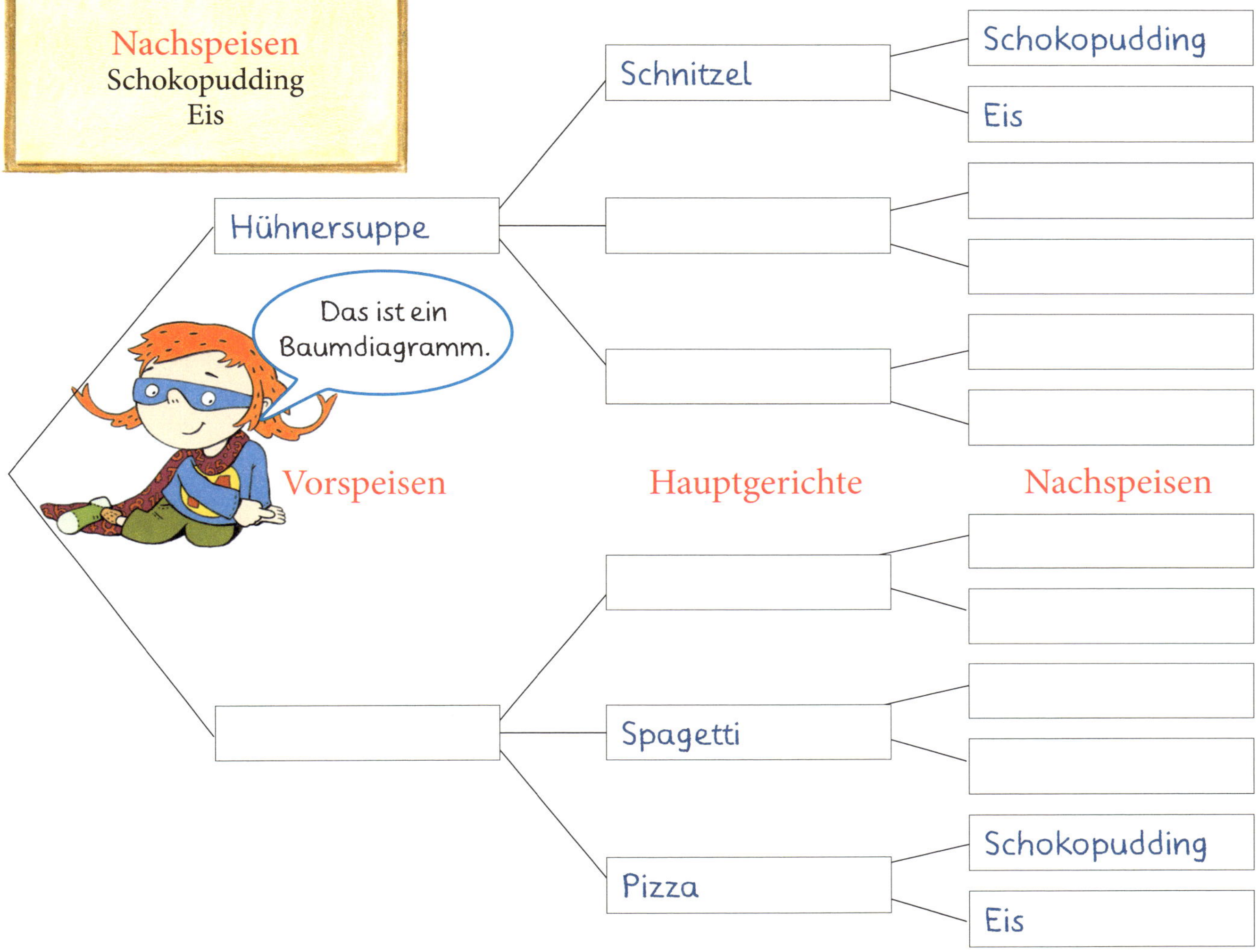

b) Feriengäste wählen:

A

B

C

Zeichne jeweils den Weg für die Auswahl im Baumdiagramm ein.

Auf zur Schule!

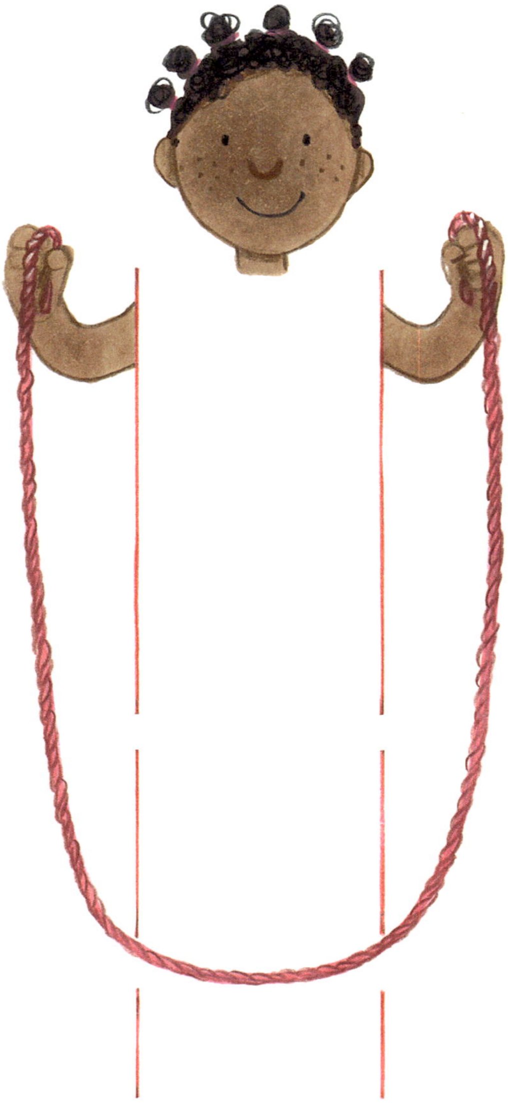

① Naomi überlegt, was sie heute zur Schule anziehen soll. Sie hat folgende Kleidungsstücke zur Auswahl:

Probiere alle Möglichkeiten!

Bastelanleitung

Entlang der roten Linien aufschneiden

Kleider,- Strumpf- und Schuh- streifen ausschneiden

Papierstreifen durch- schieben

Auf zur Schule!

①

Naomi hat für das Kleid ____ Möglichkeiten, für die Strumpfhosen ____ Möglichkeiten,

für die Schuhe ____ Möglichkeiten.

Insgesamt hat Naomi __________ Möglichkeiten sich anzuziehen.

② Zu ihrem Geburtstag bekommt Naomi noch weiße Stiefel geschenkt.
Wie viele Möglichkeiten hat sie jetzt, sich anzuziehen?

③ Auf dem Schulweg fällt sie hin. Die braunen Schuhe und das rosa Kleid sind kaputt.
Wie viele Möglichkeiten hat sie jetzt noch, sich anzuziehen?

Im Klassenzimmer

① In Klasse 3a sind Max, Nele und Lea die besten Freunde. In der Klasse möchten sie gern nebeneinander sitzen. Wie viele Möglichkeiten gibt es?

Max sitzt links	Max	Nele	Lea
	______	______	______
Nele sitzt links	______	______	______
	______	______	______
Lea sitzt links	______	______	______
	______	______	______

Antwort: ______________________________

② Die Klassenlehrerin entscheidet sich für Gruppentische. Nun möchte Paula mit Max, Nele und Lea gerne zusammen an einem Gruppentisch sitzen. Wie viele Möglichkeiten gibt es?

Es gibt _____ Möglichkeiten.

Kombinatorik
1 Anzahlen von Möglichkeiten bestimmen;
2 Anzahlen von Möglichkeiten variieren

③ In Klasse 3 a soll ein Kopfrechenturnier veranstaltet werden.
Dazu werden 6 Gruppen mit jeweils 4 Kindern gebildet. Die Kinder überlegen, wie viele Spiele Gruppe gegen Gruppe erforderlich sind, bis jede Gruppe gegen jede andere Gruppe angetreten ist.

Fülle die Tabelle aus.
Ein Kreuz steht für ein Spiel.

Gruppe	1	2	3	4	5	6
1						
2						
3						
4						
5						
6						

Antwort: ____

④ Wie viele Spiele müssen gemacht werden, wenn statt der 6 Vierergruppen 8 Dreiergruppen gebildet werden?

Gruppe								

Antwort: ____

Zu Hause

(1) Familie Müller besucht am Sonntag das Eiscafe Piccolo. Gemeinsam betrachten sie die Eiskarte.

Emely möchte gerne ein Eis mit 3 Kugeln.
Emely mag kein Schokoladeneis und kein Vanilleeis.

Wie viele Möglichkeiten gibt es für Emely, ein Eis auszuwählen?

Emely mag folgende Sorten:

____

____

____

1. Schritt:
Immer 3 Kugeln sind von der gleichen Sorte.

2. Schritt:
Immer 2 Kugeln sind von der gleichen Sorte.

3. Schritt:
Jede Kugel ist von einer anderen Sorte.
Male aus.

Zusammen gibt es _____ Möglichkeiten.

② Emelys Mama möchte gerne auch ein Eis mit 3 Kugeln.
Sie mag kein Vanilleeis. Alle anderen Sorten isst sie gerne.

Aus wie vielen Eissorten kann Emelys Mutter wählen? ____________

Wie viele Möglichkeiten gibt es für Emelys Mutter, einen Eisbecher auszuwählen?

1. Schritt:
Immer 3 Kugeln der gleichen Sorte.

2. Schritt:
Immer 2 Kugeln sind von der gleichen Sorte, die dritte ist von einer anderen Sorte. Male weiter.

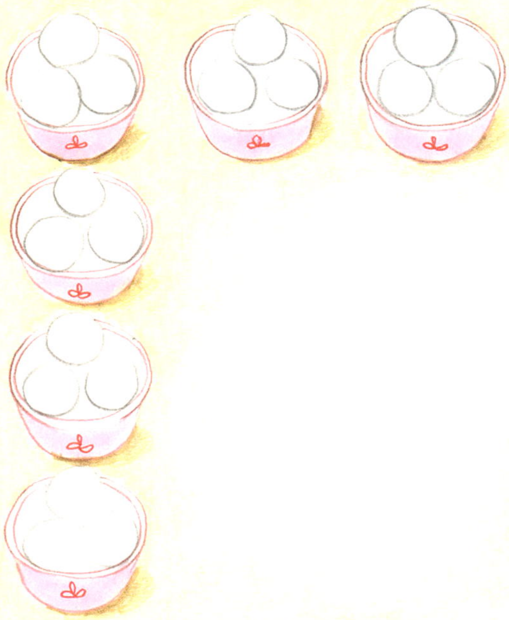

3. Schritt:
Immer 3 Kugeln. Alle Kugeln sind verschieden. Male weiter.

____ Möglichkeiten ____ Möglichkeiten ____ Möglichkeiten

Antwort:

Zusammen sind ____________

____

1 Paul und Maria schließen ihre Fahrräder vor dem Schwimmbad ab.
Paul hat ein Zahlenschloss mit 3 Stellen. Gemeinsam überlegen sie, wie viele verschiedene Möglichkeiten es gibt, das Schloss einzustellen.

1. Schritt:
Für die **erste** Stelle ▢ gibt es ____ Einstellmöglichkeiten.

2. Schritt:
Für die **zweite** Stelle ▢ gibt es ____ Einstellmöglichkeiten.

Für die ersten beiden Stellen ▢ ▢ gibt es ____________ Einstellmöglichkeiten.

3. Schritt:
Für die **dritte** Stelle ▢ gibt es ____ Einstellmöglichkeiten.

Für die drei Stellen ▢ ▢ ▢

gibt es ________________ Einstellmöglichkeiten.

9 9 9

5 5 5

3 2 1

0 0 0

Kombinatorik
1 Schrittweise die Anzahl von Möglichkeiten (mit Wiederholung) ermitteln, als Multiplikation notieren

② Paul staunt, dass es so viele Möglichkeiten gibt. Maria überlegt, wie viele Geheimnummern es gibt, bei denen keine Ziffer doppelt vorkommt.

Wie viele Möglichkeiten bleiben, wenn alle Ziffern verschieden sind?

1. Schritt:
Wie viele Möglichkeiten gibt es für die **erste** Stelle des Zahlenschlosses?

Es gibt ____ Einstellmöglichkeiten.

2. Schritt:
Wie viele Möglichkeiten gibt es noch für die **zweite** Stelle des Zahlenschlosses?

Es gibt ____ Einstellmöglichkeiten.

Für die ersten beiden Stellen gibt es __________ Einstellmöglichkeiten.

3. Schritt:
Wie viele Möglichkeiten gibt es danach für die **dritte** Stelle des Zahlenschlosses?

Es gibt ____ Einstellmöglichkeiten.

Für die drei Stellen gibt es __________ Einstellmöglichkeiten.

Antwort:

____

____

③ Lena hat auch ein Fahrradschloss mit 3 Stellen. Ihre Geheimnummer hat an zwei Stellen die 6. Die dritte Zahl fällt ihr nicht mehr ein.
Wie viele Einstellmöglichkeiten gibt es, die sie ausprobieren kann?

Ferienzeit ade!

① Kann stimmen, was Tom im Urlaub in sein Tagebuch geschrieben hat?
Überlege! Schreibe **s** für „sicher“,
m für „möglich“ oder
u für „unmöglich“ hinter die entsprechenden Sätze!

a) Ein Stier fliegt über die Schule. ____

b) Wenn ich mich nicht eincreme, bekomme ich Sonnenbrand. ____

c) Mein spanischer Freund und ich haben am selben Tag Geburtstag. ____

d) Ich brauche täglich etwas zu Trinken. ____

e) Mein Vater ist jünger als ich. ____

f) Morgen wird es regnen. ____

g) Das Meerwasser ist nass. ____

h) Morgen ist Weihnachten. ____

i) Ein Ball hat vier Ecken. ____

② Tom und sein Freund Pedro wollen an einer Strandbude aus den Automaten Kaugummis ziehen.
Verbinde die Sätze mit den passenden Automaten!

Es ist **möglich**, dass ein **roter** Kaugummi kommt.

Es ist **sicher**, dass ein **blauer** Kaugummi kommt.

Es ist **unmöglich**, dass ein **blauer** Kaugummi kommt.

Es ist **unmöglich**, dass ein **roter** Kaugummi kommt.

Es ist **möglich**, dass ein **blauer** Kaugummi kommt.

Es ist **sicher**, dass ein **roter** Kaugummi kommt.

Wahrscheinlichkeiten
1 Umgang mit den Grundbegriffen (sicher, möglich, unmöglich);
2 Aussagen einem passendem Bild zuordnen

① Hier siehst du 6 leere Kaugummiautomaten.
Zum Füllen der Automaten gibt es grüne, rote und blaue Kaugummis. Fülle die Automaten so, dass die folgenden Aussagen zutreffen:

Automat 1

Es ist **unmöglich**, einen **grünen** Kaugummi zu bekommen.

Automat 2

Es ist **sicher**, einen **roten** Kaugummi zu bekommen.

Automat 3

Es ist **möglich**, einen **blauen** Kaugummi zu bekommen.

Automat 4

Die **Chance**, einen **grünen** Kaugummi zu bekommen, ist sehr **klein**.

Automat 5

Die **Chance**, einen **roten** Kaugummi zu bekommen, ist sehr **groß**.

Automat 6

Die **Chancen**, einen **grünen**, **roten** oder **blauen** Kaugummi zu bekommen, sind **gleich groß**.

Auf zur Schule!

① Marlene überlegt , ob sie sich heute mit dem Auto zur Schule bringen lässt oder mit dem Fahrrad oder mit dem Bus zur Schule fährt.
Am Frühstückstisch lässt sie ihren Kreisel entscheiden!

Gelb: Bus

Blau: Auto

Rot: Fahrrad

Grün: zu Fuß

Kreuze alle richtigen Aussagen an!

	Ja	Nein
1. Es ist **sicher**, dass sie mit dem Auto gebracht wird.	☐	☐
2. Es ist **möglich**, dass sie zu Fuß geht.	☐	☐
3. Es ist **möglich**, dass sie mit dem Fahrrad fährt.	☐	☐
4. Es ist **möglich**, dass sie mit dem Bus fährt.	☐	☐

② Begründe Aussage 1 aus Aufgabe 1.
Argumentiere mit den Farben am Kreisel.

____

____

____

____

③ Kreuze die Aussagen richtig an.
Die Wahrscheinlichkeit mit dem Bus zu fahren ist:

	Ja	Nein
größer als mit dem Fahrrad zu fahren.	☐	☐
kleiner als mit dem Fahrrad zu fahren.	☐	☐
genau so groß wie mit dem Fahrrad zu fahren.	☐	☐
größer als mit dem Auto gebracht zu werden.	☐	☐
kleiner als mit dem Auto gebracht zu werden.	☐	☐
genau so groß wie mit dem Auto gebracht zu werden.	☐	☐

④ Marlene hat noch andere Kreisel angefertigt.
Welcher Zettel und welcher Kreisel passen zusammen?
Verbinde jeweils mit einer Linie.

A
Es ist **unmöglich**, dass sie mit dem **Fahrrad** fährt.

B
Es ist **sehr wahrscheinlich**, dass sie mit dem **Bus** fährt.

C
Sie fährt **sicher** mit dem **Fahrrad** oder geht zu **Fuß**.

D
Es ist **fast sicher,** dass sie mit dem **Auto** zur Schule gebracht wird.

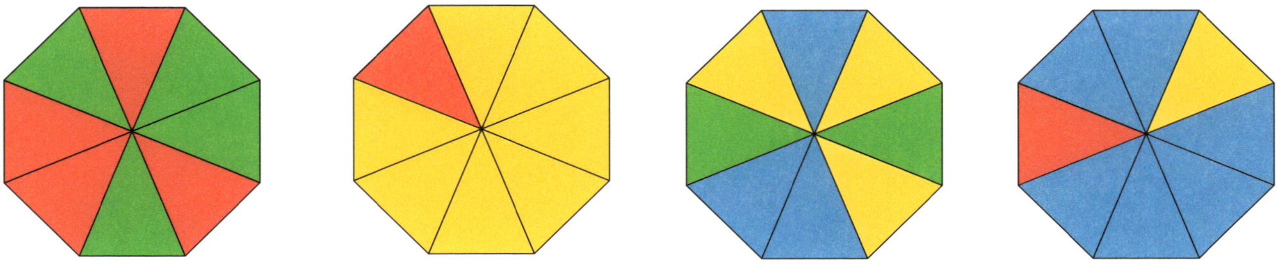

Begründe deine Entscheidung:

____

____

____

⑤ Färbe die Kreisel so ein, dass die Wünsche **sicher** erfüllt werden.

Marlene möchte unbedingt **nur** mit dem **Auto** gebracht werden.

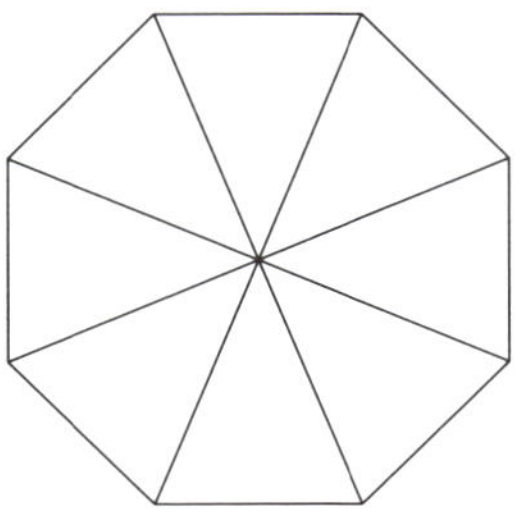

Andrea ist es **egal**, ob sie mit dem **Fahrrad** oder mit dem **Bus** fährt

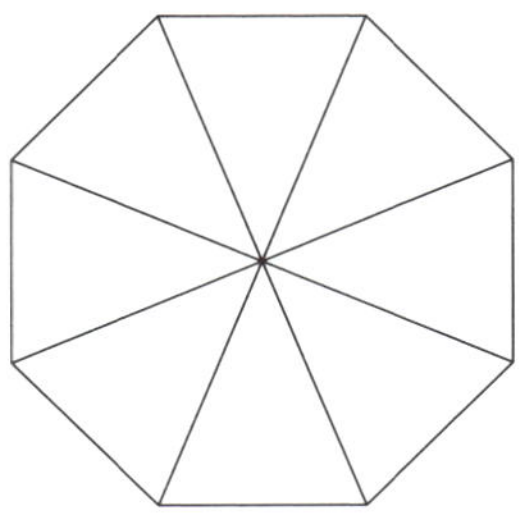

Tim möchte auf **keinen Fall** mit dem **Bus** fahren.

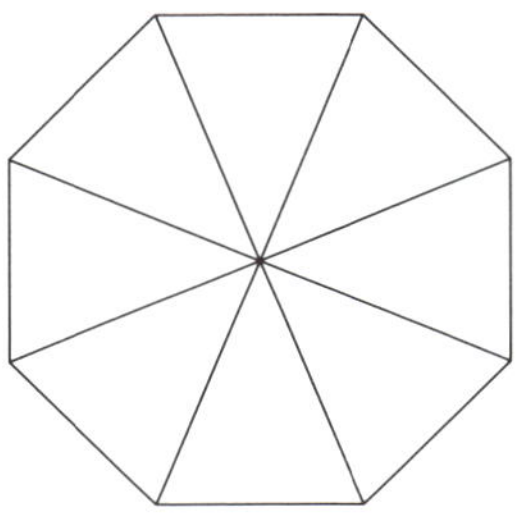

Malik würde **gerne Fahrrad** fahren. Es wäre aber auch nicht schlimm, wenn er mit dem Bus fahren müsste oder mit dem Auto.

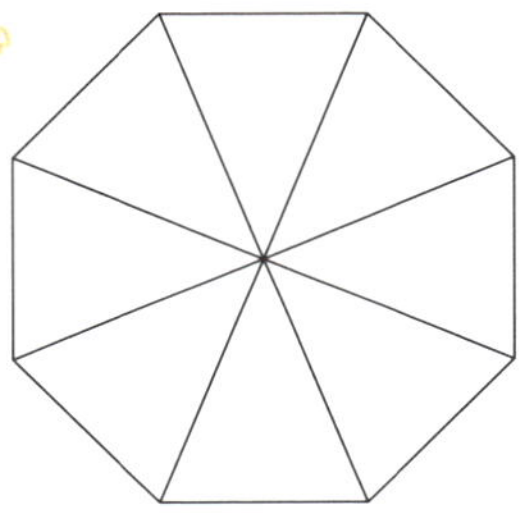

Im Klassenzimmer!

① Im Unterricht würfeln die Kinder der Klasse 3 b mit 2 zehnflächigen Würfeln.
Überprüfe, ob Nele Recht hat!
Welche Würfelergebnisse sind möglich?
Fülle die Tabelle aus!

□ = 1. Würfel   □ = 2. Würfel

	□ + □	□ + □	□ + □	□ + □	□ + □	□ + □	□ + □	□ + □	□ + □	□ + □
0	0 + 0									
1	1 + 0									
2	2 + 0	1 + 1	0 + 2							
3										
4										
5										
6										
7										
8	8 + 0	7 + 1								
9	9 + 0	8 + 1								
10	9 + 1	8 + 2								
11	9 + 2									
12										
13										
14										
15										
16										
17										
18										

Kreuze an!

☐ Max hat Recht, weil es viele Möglichkeiten gibt, die Summe 9 zu bilden.

☐ Nele hat Recht, weil es mehr Möglichkeiten gibt, eine andere Summe zu würfeln.

Im Klassenzimmer!

② Male die Ergebnisse in der Farbe der Wahrscheinlichkeit an.

Sehr wahrscheinlich, diese Ergebnisse zu würfeln.

Eher unwahrscheinlich, diese Ergebnisse zu würfeln.

7 17 8 5 18 6 14 15 1 2 11 3 9 4 10 16 13 12

③ Die Kinder würfeln nun mit 3 normalen Würfeln.
Welche Augensummen sind als Ergebnisse möglich?

a) Welche Summen werden am seltensten gewürfelt?

____

b) Welche Summen werden häufiger gewürfelt?

____

Begründe!

____

____

____

Zu Hause!

① Maria und ihre Schwester spielen mit ihren Eltern „Perlen ziehen“.
Dazu hat ihre Mutter 6 Kisten mit Perlen gefüllt.
Wer die meisten roten Perlen zieht, hat gewonnen.

Maria weiß, dass in den Kisten rote, grüne und blaue Perlen sind.
Nun darf jeder der Reihe nach eine Kugel aus der Kiste nehmen.
In jeder Kiste sind 12 Perlen. Die gezogenen Perlen werden nicht zurückgelegt.

Die Ergebnisse siehst du in den folgenden Tabellen:

Maria

Kiste 1	Kiste 2	Kiste 3	Kiste 4	Kiste 5	Kiste 6
rot	rot	grün	blau	grün	rot
rot	rot	blau	blau	grün	rot
rot	rot	rot	grün	blau	rot

Schwester Lilly

Kiste 1	Kiste 2	Kiste 3	Kiste 4	Kiste 5	Kiste 6
rot	rot	blau	grün	blau	rot
rot	grün	grün	blau	blau	rot
rot	rot	grün	blau	rot	rot

Mama

Kiste 1	Kiste 2	Kiste 3	Kiste 4	Kiste 5	Kiste 6
rot	rot	blau	blau	grün	rot
rot	grün	blau	grün	rot	rot
rot	blau	grün	blau	blau	rot

Papa

Kiste 1	Kiste 2	Kiste 3	Kiste 4	Kiste 5	Kiste 6
rot	grün	blau	grün	rot	rot
rot	blau	grün	grün	grün	rot
rot	blau	blau	grün	rot	grün

a) Welche Perlen sind in welcher Kiste? Verbinde!

b) Wer hat die meisten roten Perlen gewonnen? ______________________

② Trage die richtigen Zahlen ein.

	Kiste
1. Bei welcher Kiste ist die Wahrscheinlichkeit am größten, eine rote Perle zu ziehen?	
2. Gibt es eine Kiste, bei der es unmöglich ist, eine rote Perle zu ziehen?	
3. Bei welcher Kiste sind die Chancen eine rote, grüne oder blaue Perle zu ziehen gleich groß?	
4. Bei welchen Kisten, sind die Chancen, eine grüne oder blaue Perle zu ziehen gleich groß?	
5. Bei welcher Kiste ist die Wahrscheinlichkeit sehr klein, eine rote Perle zu ziehen?	
6. Bei welchen Kisten ist die Wahrscheinlichkeit groß, eine rote Perle zu ziehen?	
7. Bei welcher Kiste ist es eher unwahrscheinlich, eine grüne Perle zu ziehen?	

③ Fülle die Kisten mit jeweils 12 Perlen so, dass die Aussage zutrifft.

Blau gewinnt immer!	Blau gewinnt sehr wahrscheinlich!	Blau gewinnt sehr wahrscheinlich nicht!

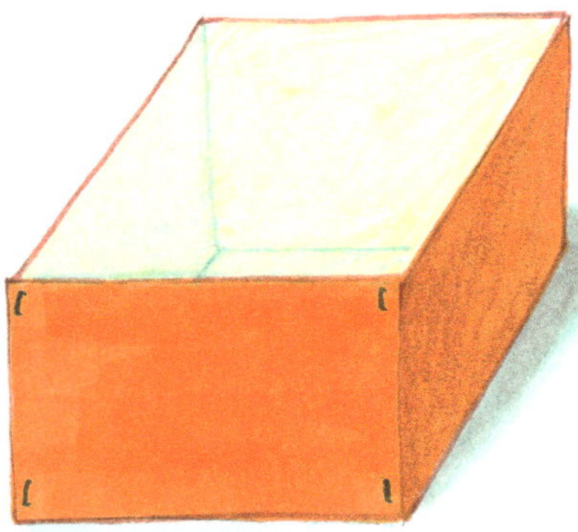
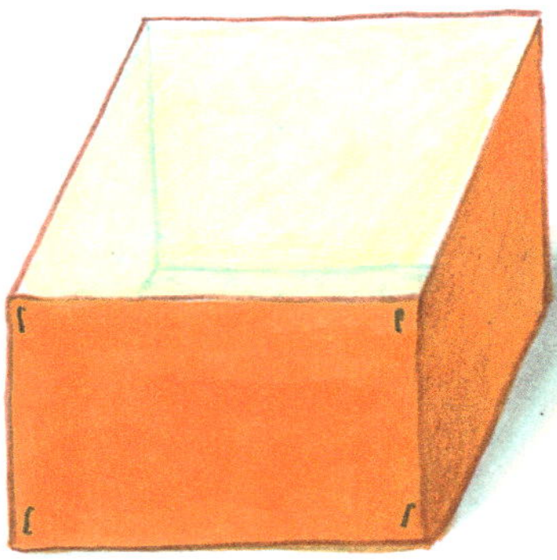
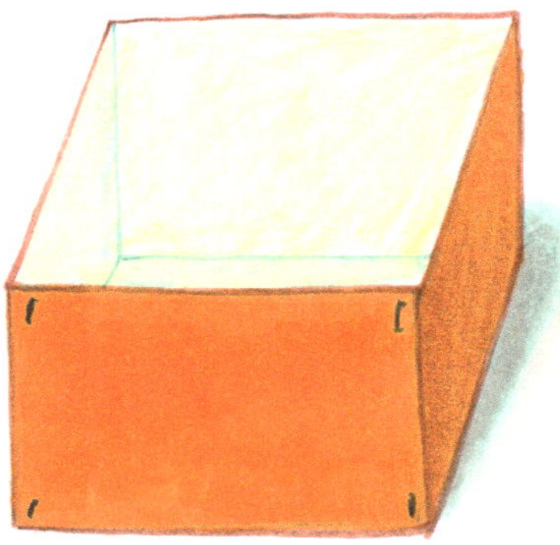

Das kann ich jetzt

① Strichliste – Säulendiagramm – Kreisdiagramm
Alex und Noah würfeln zusammen 60-mal.
Die Würfelergebnisse haben sie als Strichliste notiert.

1	卌 卌 |||
2	卌 卌 ||
3	卌 |||
4	卌 卌 ||
5	卌 ||
6	卌 |||

a) Stelle die Würfelergebnisse als Säulendiagramm dar.

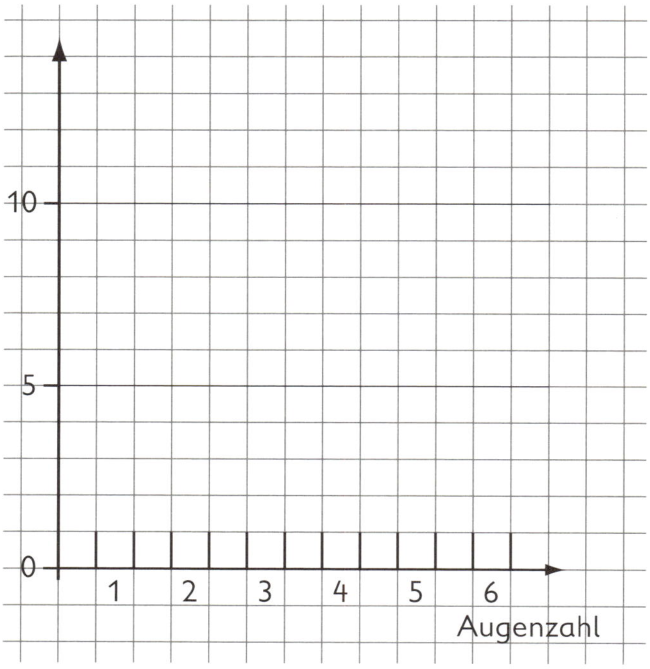

b) Welche Würfelergebnisse gehören zu den Teilen des Kreisdiagramms? Trage ein.

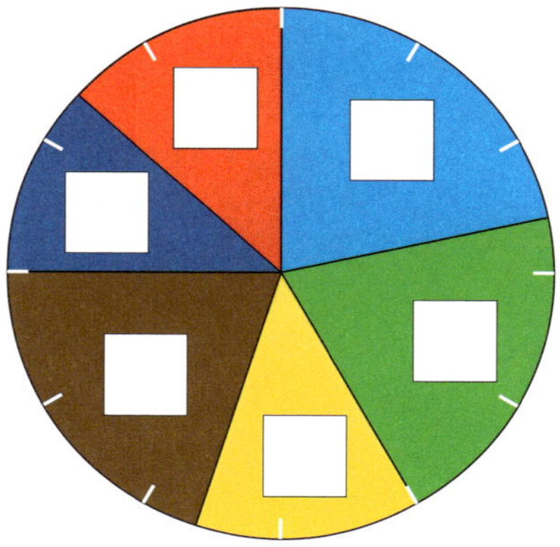

② Tabelle – Baumdiagramm

2 6 8 9

Welche und wie viele zweistellige Zahlen kannst du mit diesen 4 Zahlenkärtchen legen? Schreibe auf.

	2	6	8	9
2				
6				
8				
9				

Es sind ________ Zahlen.

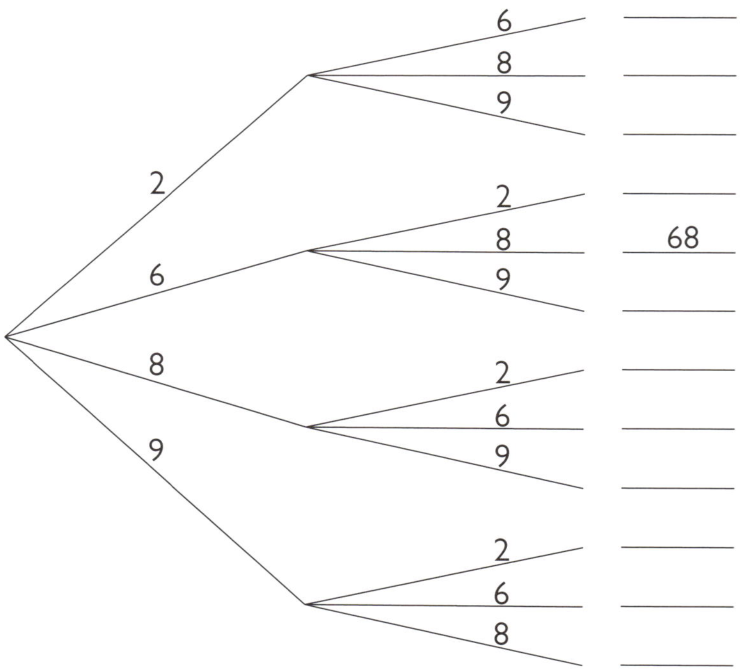

③ Möglichkeiten

a) Lea und Tom malen Viererstreifen in den Farben Blau, Rot, Grün und Gelb an:
Auf den Streifen soll jede Farbe vorkommen. Die Farben Blau und Rot sollen nebeneinander stehen.
Male an. Wie viele verschiedene Streifen gibt es?

Es gibt ________________ verschiedene Möglichkeiten.

b) Emely und Ali malen auch Viererstreifen:
Sie verwenden nur die Farben Blau und Rot.
Auf den Streifen soll jede Farbe zweimal vorkommen.
Male an. Wie viele verschiedene Streifen gibt es?

Es gibt _____ verschiedene Möglichkeiten.

④ Wahrscheinlichkeit

Für welche Kreisel treffen die folgenden Aussagen zu?
Kreuze an.

	A	B	C
a) Die Chancen für Blau und Gelb sind gleich groß.			
b) Rot ist sicher nicht das Ergebnis.			
c) Rot ist möglich.			

A

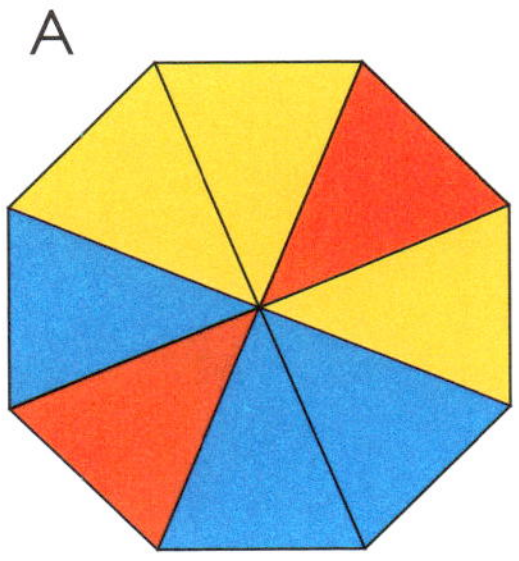

B

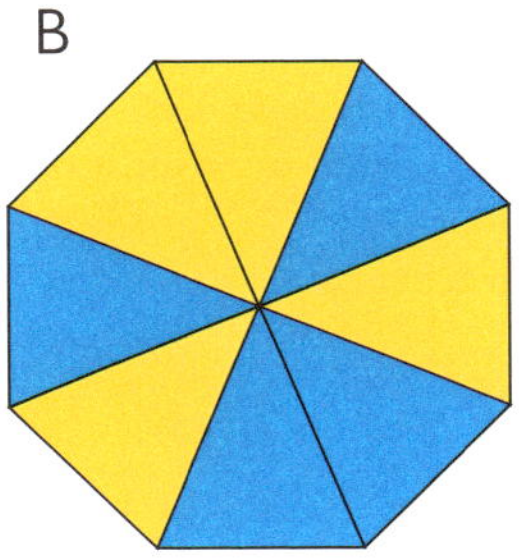

C

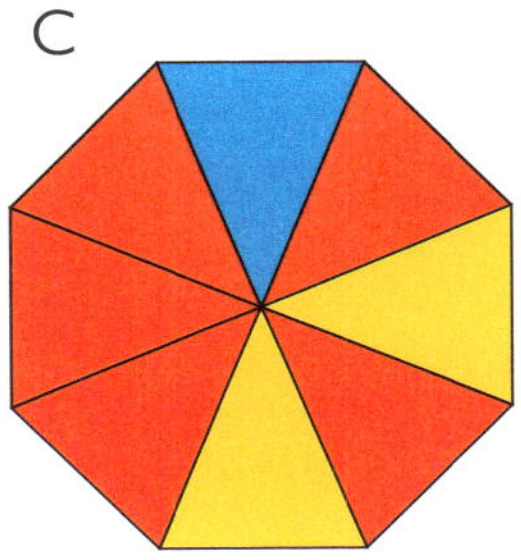

Super M
Mathematik für alle

Daten, Häufigkeit und Wahrscheinlichkeit

Herausgegeben von: Ursula Manten, Gudrun Hütten, Klaus Heinze

Erarbeitet von: Vanessa Klein

Redaktion: Jens-Uwe Mertens

Illustrationen: Martina Leykamm, Dorothee Mahnkopf (Super M)

Layout und technische Umsetzung: Checkplot, Anker & Röhr

Umschlaggestaltung: Ines Schiffel

Bestandteile des Lehrwerks Super M für das 3. Schuljahr

	Westliche Bundesländer	Östliche Bundesländer/Berl
Schülerbuch 3 mit Kartonbeilagen	978-3-06-081339-1	978-3-06-082384-0
Arbeitsheft 3	978-3-06-081343-8	978-3-06-082385-7
Arbeitsheft 3 mit CD-ROM	978-3-06-081347-6	978-3-06-082437-3
Einstiege/Aufstiege 3, Arbeitsblätter zur Differenzierung	978-3-06-081421-3	978-3-06-082386-4
Einstiege 3, Arbeitsblätter zur Differenzierung im Block	978-3-06-081483-1	
Aufstiege 3, Arbeitsblätter zur Differenzierung im Block	978-3-06-081484-8	
Handreichungen für den Unterricht mit Lehrermagazin	978-3-06-081351-3	978-3-06-082438-0
Kopiervorlagen mit CD-ROM	978-3-06-081414-5	978-3-06-082439-7
Im Paket: Handreichungen für den Unterricht mit Lehrermagazin und Kopiervorlagen mit CD-ROM	978-3-06-081487-9	978-3-06-082440-3

Rechentraining 3	978-3-06-083167-8
Sachrechnen 3	978-3-06-083170-8
Addition/Subtraktion 3	978-3-06-083171-5
Daten, Häufigkeit und Wahrscheinlichkeit 3	978-3-06-083169-2
Geometrie 3	978-3-06-083173-9
Multiplikation/Division 3	978-3-06-083172-2

Lösungen sowie weitere Hinweise
zum Heftthema finden Lehrkräfte unter
http://www.cornelsen.de/lehrkraefte/material/1.c.2565265.de

www.cornelsen.de

1. Auflage, 2. Druck 2012

Druck: Druckhaus Berlin-Mitte GmbH

ISBN 978-3-06-083169-2

Inhalt gedruckt auf säurefreiem Papier aus nachhaltiger Forstwirtschaft.